INVENTAIRE
16020

DE L'EXÉCUTION

DES

CHEMINS DE FER DÉPARTEMENTAUX

PAR L'ÉTAT

16020

DU MÊME AUTEUR

Nouveau Système d'appareils électriques destinés à assurer la sécurité des chemins de fer. 1 vol. avec 16 figures intercalées dans le texte et 6 planches, 1858, suivi d'un *Rapport de la Commission ministérielle chargée d'examiner ces appareils.*

Mémoire sur les essais des ponts en tôle par l'électricité. 1 broch. avec planche. 1858.

Notice élémentaire sur la Télégraphie électrique. 1 broch. avec 29 figures intercalées dans le texte. 1858.

Application de l'électricité aux annonces d'incendie. 1 broch. avec 1 figure et 1 plan. 1860. Collaborateur: M. DE BOISSAC.

De l'Abaissement des taxes télégraphiques en France. 1 vol. 1860.

Discours sur la Télégraphie électrique. 1 broch. 1860.

La Banque de France dans ses rapports avec le crédit et la circulation. 1 vol. 1862.

De l'Abaissement des tarifs de chemins de fer en France. 1 vol. 1863.

La Réforme des tarifs de chemins de fer et les Compagnies. 1 broch. 1864.

Théorie de la Monnaie. 1 broch. 1865.

Des Réformes nécessaires en Télégraphie. 1 vol. 1866.

La Réforme télégraphique. 1 vol. 1868.

DE L'EXÉCUTION

DES

CHEMINS DE FER DÉPARTEMENTAUX

PAR L'ÉTAT

6348

PAR

GUSTAVE MARQFOY

Ancien Élève de l'École Polytechnique

PARIS

E. LACHAUD, ÉDITEUR

4, PLACE DU THÉATRE-FRANÇAIS, 4.

—

1869

DE L'EXÉCUTION

DES

CHEMINS DE FER DÉPARTEMENTAUX

PAR L'ÉTAT

CHAPITRE PREMIER.

Nécessité des chemins de fer économiques.

On constate en ce moment, en France, un grand mouvement des esprits en faveur de la création des chemins de fer économiques.

C'est la deuxième phase de l'établissement des chemins de fer qui commence. Le réseau principal est terminé ou en voie de l'être ; les voies ferrées sillonnent notre territoire dans tous les sens, reliant entre elles toutes les villes importantes, desservant une multitude de localités, passant à travers toutes les régions de notre fertile contrée. Partout elles ont vivifié l'agriculture, l'industrie, le commerce. Partout, sous leur influence, comme avec l'aide de la vapeur et des nouveaux moyens que la science a créés, le travail a subi une sorte de rénovation. L'expérience est décisive : la réduction du tarif moyen des transports au quart de ce qu'il était autrefois, ainsi que les divers avantages de régularité, de célérité, de puissance qu'offrent les chemins de fer, ont suffi pour imprimer à l'activité du pays un essor jusqu'alors inconnu, accroître considérablement la richesse de la France en même temps qu'ouvrir à ses développements futurs des perspectives indéfinies, opérer, en un mot, dans notre régime économique une de ces révolutions étonnantes qui marquent des ères nouvelles dans la vie des peuples.

Cependant, l'œuvre est encore inachevée et nous devons la poursuivre sans relâche.

Nous ne possédons encore, en effet, que 21,691 kilomètres de chemins de fer décomposés comme suit :

En exploitation au 1er avril 1868	15,750 kil.
Concédés, restant à livrer	5,290
— — chemins d'intérêt local .	651
Total.	21,691 kil.

tandis qu'il existe en France, outre les routes forestières, agricoles et les chemins ruraux :

84,728 kilomètres de chemins de grande communication,
83,146 kilomètres de chemins d'intérêt commun,
364,452 kilomètres de chemins ordinaires.

En tout 532,326 kilomètres de voies terrestres.

L'insuffisance de notre réseau de chemins de fer, que les chiffres précédents paraissent signaler, est rendue plus manifeste par la comparaison de la France avec certains pays étrangers. Voici, à cet égard, quelques chiffres (1) :

	NOMBRE DE KILOMÈTRES DE CHEMINS DE FER	
	Par myriamètre carré.	Pour un million d'habitants.
Belgique. . . .	8 kil. 23	492
Angleterre . .	7 11	747
Suisse.	3 27	530
Pays-Bas. . . .	3 23	305
France	2 71	383

Ainsi nous sommes, sous le rapport de la longueur du réseau, dans une situation inférieure à celle des pays que je viens de citer. Et cependant nos besoins de circulation, pour le transport des hommes et des choses, sont du même ordre. Il est bien manifeste que, malgré son étendue et sa forte constitution, le réseau des chemins de fer en France est encore incomplet. Il reste bien des voies ferrées à établir sur ces 500,000 kilomètres de chemins, sur lesquels les transports s'effectuent encore à colliers de chevaux.

La force du cheval s'exerçant péniblement pour vaincre le frottement résistant du sol naturel est, en effet, une force coûteuse. Il y a un grand avantage à la remplacer par la force économique de la vapeur agissant sur les voies ferrées.

Mais il ne suffit pas qu'une contrée ait besoin de chemins de fer. Il faut des capitaux pour les établir.

Examinons bien comment la question se pose :

En principe, il faut pour qu'une ligne de chemin de fer

(1) Rapport du Jury international, Exposition universelle de 1867.

puisse être établie par l'industrie, que les revenus probables de l'exploitation future de cette ligne promettent aux capitaux privés qu'elle nécessite un revenu convenable.

Cette vérité fondamentale, absolue en matière d'industrie privée, reçoit un tempérament quand l'utilité publique est en jeu. Le plus souvent, dans les questions de chemins de fer, il y a intérêt pour l'État, le département, la commune à ce que les lignes projetées soient construites. D'un autre côté, les difficultés d'exécution qui résultent de la configuration du sol sont souvent telles que la totalité des capitaux nécessités par le premier établissement ne trouveraient pas dans les revenus de l'exploitation future une rémunération suffisante. En ce cas, les communautés intéressées interviennent par un sacrifice fait sous forme de subvention ou de garantie d'intérêt, et le reste de la dépense est laissé à la charge de l'industrie privée. Ainsi dans chaque cas particulier, le degré d'utilité publique est mesuré ; la part contributive des communautés est fixée, et ces allégements de charges introduits dans le prix de revient des chemins de fer peuvent mettre l'industrie privée en état d'accomplir son œuvre là où, abandonnée à ses seules forces, elle eût été impuissante.

Le réseau des chemins de fer français s'est constitué sous l'empire de ces règles. C'est ainsi que le coût moyen des chemins de fer français, qui est de 443,290 francs par kilomètre (1), se décompose ainsi :

Part des Compagnies	374,652 fr.
Part de l'État.	68,638
	443,290 fr.

(1) Rapport du Jury international, Exposition universelle de 1867.

Supposons fixée dans chaque cas la part des communautés afin de n'avoir à considérer ici que les capitaux privés.

Pour que les capitaux privés se consacrent à l'établissement d'un chemin de fer, il faut, ai-je dit, qu'ils trouvent dans les résultats futurs de l'exploitation leur rémunération normale et habituelle, telle que l'offre l'industrie en général.

Cette rémunération est, au minimum, de 5 p. 0/0 par an.

Si l'établissement d'un chemin de fer ne devait pas donner au moins 5 p. 0/0 aux capitaux qu'il nécessite, les capitalistes iraient chercher dans l'une quelconque des branches de l'industrie générale du pays un meilleur emploi de leur argent, ils le trouveraient certainement et le chemin de fer ne serait pas entrepris.

Connaissant le prix que l'établissement d'un chemin de fer doit coûter à l'industrie privée, connaissant en outre la dépense d'exploitation, on en conclut par un calcul très-simple quel doit être au minimum le trafic de ce chemin par kilomètre, pour que son exploitation soit rémunératrice, c'est-à-dire donne 5 p. 0/0 au moins aux capitaux engagés.

Faisons ce calcul, par exemple, pour l'établissement d'un chemin de fer qui coûterait à l'industrie privée le prix moyen ci-dessus de 374,652 francs par kilomètre. Le chemin qui coûte 374,652 francs par kilomètre doit rapporter un bénéfice net minimum de 5 p. 0/0 de ce capital, soit 18,730 francs par kilomètre. Or, la dépense d'exploitation est d'environ 45 p. 0/0 de la recette brute, et comme le bénéfice net est égal à la recette brute diminuée de la dépense d'exploitation, on en conclut que la recette brute minimum de ce chemin doit être de 34,000 francs par an.

Sur les lignes dont le coût de premier établissement est beaucoup moindre que ce coût moyen, la recette brute nécessaire pour fournir 5 p. 0/0 au capital engagé est réduite dans le même rapport; mais l'on peut dire que, sauf de rares exceptions, il n'est pas de tronçon sur le réseau actuel des lignes exploitées qui n'ait coûté au moins 200,000 francs par kilomètre et dont, par suite, l'exécution ait exigé, pour donner satisfaction au capital engagé, une recette brute minimum de 22,000 francs par kilomètre et par an.

Tout dépend donc, en matière d'établissement de chemins de fer, du trafic futur de la ligne. Telle ligne est assez productive pour justifier une dépense de 500,000 francs par kilomètre. Telle autre ne l'est pas assez pour autoriser une dépense dix fois moindre. On saura toujours dans chaque cas particulier, connaissant le coût de premier établissement, la part contributive des communautés et le trafic probable, s'il faut ou non entreprendre l'exécution du chemin de fer.

Jusqu'à ce jour, le type des chemins de fer ordinaires, avec le cortége de dépenses qu'il entraîne, avait suffi aux calculs. Malgré ces dépenses, on avait pu construire un grand nombre de lignes, et, par suite, on s'était peu préoccupé de la création des chemins de fer économiques.

En voici la raison :

Il y a trente ans environ, le réseau des chemins de fer français a été commencé ; on a d'abord établi les grandes artères, celles qui ont relié Paris avec les centres importants de la France.

Il se produisit dès le début un phénomène très-curieux, fort rare à observer en matière de création nouvelle : les Compagnies bâtirent des suppositions, les imaginations s'enflammèrent, l'on fit des rêves d'or, et cependant l'on reconnut bientôt que les premiers calculs avaient tous été très-timides. Les espérances les plus hardies furent de beaucoup dépassées ; le trafic déborda. Longtemps après, les Compagnies, témoins d'une progression toujours croissante, ne se lassaient pas de témoigner sur l'insuffisance constante de leurs prévisions leur étonnement et leur satisfaction. Or, c'est en se fondant sur les prévisions modestes du début qu'on avait reconnu la possibilité d'établir industriellement les premiers chemins de fer. Aussi, quoique le coût de premier établissement causât à son tour quelques déceptions, les entreprises furent en définitive très-prospères, et l'on trouva bientôt une multitude de lignes nouvelles qui, les unes avec leurs seules forces, les autres avec le concours de l'État, purent industriellement se construire, certaines d'avance de rémunérer largement les capitaux engagés.

Au fur et à mesure que le réseau s'est agrandi, il a partout développé le travail, la richesse, il a augmenté de plus en plus la matière des transports, il a fécondé non-seulement les parties du territoire qu'il traversait, mais aussi les parties voisines et l'ensemble des voies de communication du pays. Cet agrandissement successif du réseau, aidé d'ailleurs d'autres causes favorables au développement général de la richesse publique, a donc eu pour effet de faire grossir en tous lieux le trafic des transports. Le nombre de lignes susceptibles de supporter le poids d'un établissement de chemin de fer a ainsi été sans cesse grandissant. Au fur et à mesure qu'une voie de communication s'est trouvée mûre pour cet établissement, l'industrie s'en est emparée, le chemin de fer a été construit. Les grandes compagnies notamment, avec leur organisation puissante pour la construction et l'exploitation, avec leurs moyens d'enquête pour la connaissance exacte du trafic des contrées, ont pu successivement englober dans leur propre réseau toutes les lignes fructueuses qui en étaient voisines.

Aujourd'hui, on ne demande plus de concessions nouvelles, sauf à la condition d'être gratifié de subventions considérables. Il faut en conclure qu'il ne reste plus en ce moment de lignes à construire, industriellement réalisables dans le type ordinaire des chemins de fer.

On pouvait prévoir, en effet, qu'un jour viendrait où ces demandes de concessions finiraient par s'arrêter; car à mesure que le réseau des chemins de fer a grandi, les voies de communication délaissées par lui ont été à la fois les plus pauvres et les plus réfractaires au progrès du trafic. Il fallait qu'un moment vînt où les meilleures de ces voies ne pourraient plus supporter le poids des dépenses de leur transformation en voies ferrées.

Ce moment est venu. Il n'y a pour ainsi dire plus de lignes nouvelles à entreprendre aujourd'hui en France, selon le type ordinaire des chemins de fer, sans un risque sérieux pour les capitaux. Le progrès dû aux chemins de fer, après s'être élancé avec fougue à ses débuts, a désormais pris son allure lente, régulièrement ascendante. Tant qu'on reste placé devant la nécessité de dépenser de 200 à 600,000 francs par kilomètre pour construire des chemins de fer, il faut attendre que cette marche lente et régulière du progrès du trafic ait fait surgir des lignes donnant des recettes brutes de 20, 30, 60,000 francs par kilomètre et par an. Cela durera nécessairement bien des années.

Ainsi le type connu des chemins de fer nous condamne pour longtemps à l'immobilité.

Dans cette situation où la possibilité de construire, avec ce type, des lignes ferrées productives pour les capitaux est remise à une époque lointaine, on s'est posé cette question très-juste, très-logique : Est-il nécessaire de dépenser 600, 400, 200,000 francs, selon les cas, par kilomètre, pour établir un chemin de fer ?

Non, a-t-on répondu avec raison. Par le fait même qu'on se trouve en présence de petits trafics à desservir, le programme de l'exploitation à créer se restreint de lui-même. De même qu'il a toujours paru convenable d'imprimer aux lignes ordinaires le cachet de grandeur que l'importance de leur service comporte, de même il est nécessaire de donner aux petites lignes l'apparence modeste et simple qui convient à leur faible trafic, et cette seule considération entraîne avec elle la suppression d'une série d'importantes dépenses. Il y a lieu, en effet, de réaliser de grandes économies sur ces gares architecturales, ces stations élégantes et spacieuses, ces édifices multipliés, ces larges assiettes de voies, ces voies doubles pour les trains montants et descendants, ces clôtures, ces masses de terrassements, ces tranchées gigantesques, ces tunnels, ces ponts, ces viaducs aux vastes découpures. En outre, il n'est pas nécessaire de marcher à grande vitesse, par suite d'avoir une voie aussi puissante, des rails aussi forts, des véhicules aussi lourds. Enfin il y a lieu d'économiser aussi sur le matériel roulant, sur le personnel, sur l'organisation administrative du service, sur les conditions financières de l'entreprise. En un mot, il faut parvenir à réduire à des proportions moindres le type actuel des chemins de fer, à le dépouiller de tout ce qui est inutile, à ne lui laisser que le strict nécessaire, à l'amener, si je puis m'exprimer ainsi, à l'état de squelette. Il faut se poser résolument le problème technique suivant :

Réduire un chemin de fer à ses dernières limites d'économie, soit dans l'établissement, eu égard à la région qu'il doit traverser, soit dans l'exploitation, eu égard au trafic qu'il doit desservir.

On comprend la haute portée industrielle que présente la solution de ce problème ;

Si avec des lignes de 500,000 francs par kilomètre, un trafic annuel de 55,000 francs par kilomètre est au moins nécessaire pour rémunérer les capitaux engagés, avec des lignes coûtant :

400,000 fr.	Il ne faut plus qu'un trafic minimum en recette brute de :	44,000 fr.
200,000		33,000
100,000		22,000
50,000		11,000
25,000		5,500

Il est bien évident d'après cela que plus l'on parviendra à diminuer le coût kilométrique des chemins de fer, plus il s'offrira de lignes à construire, plus il sera possible d'agrandir le réseau.

Ces remarques ont déjà été faites depuis quelques années. On a vu le département du Bas-Rhin donner le premier, en 1864, l'exemple de l'établissement de trois petits chemins de fer économiques. Cet exemple a bientôt été suivi dans les départements de la Sarthe, de la Somme, des Ardennes, du Nord, de la Seine-Inférieure et plusieurs autres. Mais c'est surtout depuis le grand mouvement de 1864 au sein des conseils généraux, depuis la discussion et le vote de la loi du 19 juillet 1865, que l'opinion publique s'est formée sur les chemins de fer départementaux, que l'utilité d'établir ce réseau secondaire sur tout le territoire a été bien comprise, et que le problème de la transformation du type ordinaire des chemins de fer en un type réduit, industriellement applicable sur une vaste échelle aux voies départementales, a été nettement posé et ardemment recherché.

Je dois même rappeler au point de vue de l'histoire, que c'est en réalité par des voies ferrées économiques que l'industrie des chemins de fer a jeté en France les premières racines, et tout le monde sait qu'à une époque où nul ne soupçonnait encore l'immense révolution que ce nouveau moyen de transport devait opérer dans l'industrie humaine, une multitude de mines et d'usines se servaient de petits chemins de fer pour leurs propres besoins. Les premiers chemins de fer français, notamment celui de Bordeaux à La Teste dont on voit encore les ruines à la sortie de Bordeaux, étaient construits dans le système économique. Ce système fut bientôt abandonné pour faire place au grand type du réseau actuel, tant il est vrai que les meilleures choses doivent être mises en leur place et venir en leur temps.

C'est donc bien aujourd'hui l'heure des chemins de fer économiques. Avec le type des chemins de fer ordinaires, je l'ai dit, on est pour longtemps condamné à l'immobilité. Au contraire, avec un type très-économique, une multitude de lignes s'offrent dès à présent et peuvent être immédiatement entreprises.

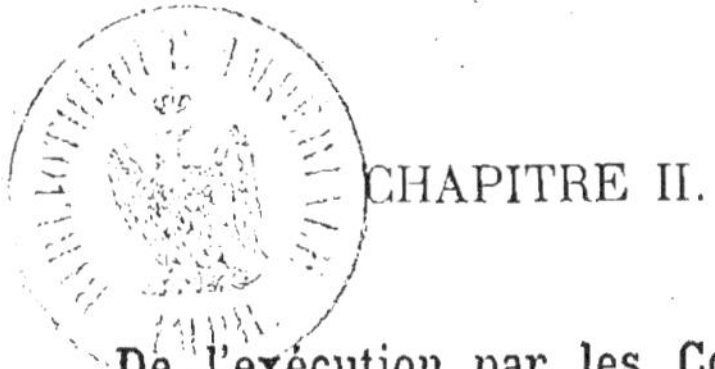

CHAPITRE II.

De l'exécution par les Compagnies.

Nous sommes aujourd'hui en présence de ce vaste problème : établir en France un réseau complet de chemins de fer économiques.

Étudions le moyen d'y parvenir.

Il faut, avant tout, résoudre la question technique, celle qui consiste à trouver un procédé économique de construction des chemins de fer.

Cette question concerne spécialement les ingénieurs. Supposons-la résolue ici. Supposons que l'industrie possède désormais (c'est ce qui a lieu réellement) le moyen de construire des chemins de fer qui ne coûtent que 100,000 fr. 50,000 fr. et dans certains cas 20,000 fr. par kilomètre.

Étudions ici les voies et moyens pour arriver à établir ces voies ferrées dans toute la France, dans le temps le plus court et avec la plus petite dépense possible.

Il importe de bien poser la question, d'en mettre en évidence les difficultés, d'y découvrir certains principes nécessaires et de faire la meilleure application de ces principes.

La loi du 19 juillet 1865 fait appel aux communautés intéressées et à l'industrie privée pour réaliser l'exécution des *chemins de fer d'intérêt local*, que j'appelle dans ce travail, *chemins de fer départementaux*, pour ne pas leur enlever le caractère d'intérêt général qu'ils possèdent.

Elle autorise ces communautés à affecter dans une certaine mesure leurs ressources à cette exécution. En outre :

« Des subventions, dit l'article 5, peuvent être accordées sur les fonds du Trésor pour l'exécution des chemins de fer d'intérêt local. Le montant de ces subventions pourra s'élever jusqu'à 1/3 de la dépense que le traité d'exploitation à intervenir laissera à la charge des départements, des communes et des intéressés.

« Il pourra être fixé à la moitié pour le département dans lequel le produit du centime additionnel au principal des quatre contributions directes est inférieur à 20,000 francs, et ne dépassera pas le 1/4 pour ceux dans lesquels ce produit sera supérieur à 40,000 francs.»

« La somme affectée chaque année, sur les fonds du Trésor, au payement des subventions mentionnées en l'article précédent, dit l'article 6, ne pourra dépasser six millions. »

« Les chemins de fer d'intérêt secondaire, dit l'exposé des motifs, devront à l'avenir être exécutés par le concours combiné des départements, des communes, des propriétaires et des Compagnies.

« Ce principe, aussi juste que fécond, se retrouve à toute époque dans les actes législatifs et administratifs concernant l'exécution des travaux publics. Nous citerons : la loi du 16 septembre 1807, le décret du 16 décembre 1811, la loi du 21 mai 1836 sur les chemins vicinaux, la loi du 11 juin 1842 sur les chemins de fer. »

« Frappés, dit enfin l'Adresse du Corps législatif de 1865, des résultats féconds de ces grandes entreprises (voies ferrées, etc.), les populations en désirent la continuation et l'extension même au prix de sacrifices nouveaux dont sur plusieurs points elles ont donné l'exemple. Pour l'accomplissement d'une telle œuvre, ce ne sera pas trop du

concours de l'État, des départements, des communes et des Compagnies. »

Ces citations diverses montrent l'économie de la loi, quant au principe d'exécution. On voit quel est le régime organisé par le gouvernement et la sanction législative en vue de l'exécution prompte et économique des chemins de fer départementaux. Le gouvernement dit au pays : Que chaque localité étudie ses besoins, que les communes, que les départements affectent des ressources ; que la part contributive de l'État soit fixée et que l'industrie privée, ainsi soutenue, prenne l'initiative et agisse.

Eh bien ! je n'hésite pas à le dire, parce que c'est dans mon esprit une conviction énergique, c'est une utopie de compter sur un tel système pour l'exécution prompte, bonne et économique des chemins de fer départementaux en France.

Dès à présent, je répondrai sur la question de principe posée dans l'exposé des motifs : Oui, diverses lois sont basées sur le concours donné par l'État aux Compagnies privées. Mais, pour ne parler que des chemins de fer, quelle loi a été plus violemment attaquée que cette loi citée de 1842? A chaque concession nouvelle, elle était invoquée au sein des Chambres, et chaque fois elle avait le privilége d'y soulever des orages. Ce n'est pas ainsi que fonctionnent les bonnes lois.

Je vais m'attacher à prouver que, contrairement au sentiment exprimé dans l'Adresse, c'est trop du concours des Compagnies joint à ceux des communes, des départements et de l'État pour l'établissement du réseau des chemins de fer d'intérêt local.

Voici mes raisons :

La France a fait, depuis trente ans, en matière de vastes associations privées, une série d'expériences dont il est temps qu'elle tire un enseignement.

Il ne faut pas se faire illusion sur l'esprit qui préside en général, dans notre pays comme dans bien d'autres, à la création des entreprises fondées sur l'association des capitaux : c'est l'esprit de cupidité.

En général, cela est vrai, les capitalistes recherchent les entreprises offrant les meilleures apparences de sécurité et ne consentent à porter sur elles leurs efforts et leurs moyens d'action que s'ils prévoient dans les revenus probables que les calculs font ressortir des résultats suffisants pour rémunérer convenablement les capitaux.

En parlant ainsi, on le voit, je fais la part large aux manieurs d'argent, car je passe sous silence la race entière des Mercadet, quoiqu'on puisse affirmer par ses trop nombreux rejetons qu'elle n'est pas encore absolument éteinte.

Mais ce qui est vrai aussi, c'est que souvent les Compagnies financières sont beaucoup plus occupées à faire des spéculations sur leurs concessions ou leurs émissions de titres qu'à remplir fidèlement leur mandat; c'est que leurs combinaisons financières absorbent la plus pure substance des entreprises naissantes et en tarissent la séve au berceau même; c'est que, après que le râteau de la finance a passé sur une Société qui se forme, telle entreprise qui portait en elle-même les meilleurs germes de prospérité peut tout à coup se trouver transformée en une affaire insuffisante, mauvaise, qu'attendent fatalement les embarras, la chute même.

Ce qui m'inquiète pour la construction des chemins de fer départementaux, c'est cette multitude de petites compagnies à constituer, ce sont les frais de formation de toutes ces petites sociétés. Avant que les concessionnaires, cessionnaires, sous-traitants, fondateurs, banquiers, courtiers et publicistes, qui tous voudraient d'un coup voler à la fortune, ne soient satisfaits de la part qui leur est faite, que d'arrangements et de combinaisons aboutissant invariablement au même résultat, celui de mettre toutes ces dépenses parasites au compte du capital, qui de la sorte est porté souvent bien au delà des limites naturelles ! Quelle différence pour une même affaire selon qu'on y emploie le capital strictement nécessaire ou qu'on ajoute à ce capital un quart, un tiers en sus pour frais de formation, placement des titres, soutien de leurs valeurs. Prospère dans le premier cas, elle peut, dans le second, devenir très-fâcheuse.

Je n'examine pas ici le côté moral de la question. Certains esprits, très-expérimentés dans la matière, affirment que ces procédés sont essentiellement légitimes; qu'il faut les appliquer, puisque, sans eux, les entreprises ne se feraient pas, ce qui serait la pire des solutions; que d'ailleurs devant les efforts, les troubles, les incertitudes, les risques, les premières dépenses d'une affaire nouvelle qui peut échouer contre mille écueils, ce n'est pas trop de rémunérer par de fortes sommes, en cas de succès, ceux qui ont affronté tant de difficultés et de périls pour rendre viable l'affaire qu'ils ont enfantée.

C'est possible. Mais je ne considère ici que le résultat matériel, et je n'hésite pas à trouver détestable un système qui a pour conséquence nécessaire de c rer, à l'heure de la formation des sociétés, des difficultés qui justifient ces rémunérations exorbitantes, grevant les entreprises dès leur naissance et pour toujours. Si on n'a rien de mieux il faut subir ce système, mais on ne saurait assez rechercher les moyens de s'en affranchir. Nous obéissons à la loi inévitable lorsque nous sommes obligés d'engloutir des capitaux considérables dans les travaux que nécessitent les obstacles topographiques. Mais, du moins, faut-il éviter à tout prix d'ajouter à ces charges naturelles d'autres charges artificielles créées par les calculs intéressés et trop avides des spéculateurs.

Le principe de l'association des capitaux privés a, je le reconnais, enfanté de grandes choses. Mais en matière de chemins de fer, que ces créations utiles ont coûté cher! Que d'abus, que de désordres, que de ruines! Évitons de donner un aliment nouveau à l'agiotage. Ce qui est arrivé il y a vingt-cinq ans avec les grandes Compagnies pourrait se produire encore aujourd'hui avec les petites. Ne créons plus ces situations dangereuses. *Caveant consules.*

Je continue. Une fois les Compagnies formées, comment fonctionnent-elles?

Dans l'industrie privée, lorsqu'on crée un établissement de production, on commence par installer avec le plus de simplicité possible, les bâtiments, outils, éléments de production de toutes sortes, et dans le plus bref délai on exploite. A peine réalise-t-on des bénéfices qu'on les incorpore à l'industrie naissante pour en accroître le capital, c'est-à-dire la force productive. On augmente les bâtiments, on introduit des machines nouvelles, on agrandit, on perfectionne, on complète. Pendant une série d'années, quelquefois pendant toute une existence, la majeure partie des bénéfices sont de la sorte affectés à augmenter la valeur de l'industrie, et c'est ainsi que se sont formés par des quarts, des demi-siècles d'efforts, de persévérance et de sacrifices, ces vastes établissements industriels qui font la renommée et la gloire des nations laborieuses.

Dans les grandes Compagnies en actions, dans les Compagnies de chemin de fer notamment, on n'agit pas de même. Dès le premier jour de leur formation, et pendant toute la période de construction, on prend sur le capital, à titre de charge sociale, les sommes nécessaires pour payer 5 à 6 0/0 d'intérêt aux actions. Les actionnaires, en effet, qui mettent leur argent dans l'entreprise pour le faire fructifier, ne peuvent pas attendre plusieurs années sans recevoir le moindre produit. S'il devait en être ainsi, ils refuseraient leur concours. Or, ce concours est nécessaire, et par cela même la charge sociale est acceptée par tous. Qui supporte cette charge? L'entreprise elle-même, le compte de premier établissement.

L'exploitation commence. Dès ce moment, les Compagnies n'ont plus qu'une préoccupation dominante, celle de fournir aux actionnaires les plus gros dividendes. Ont-elles raison? Non. Il faudrait à mon sens se préoccuper surtout, dès l'origine, de constituer un fonds de réserve important pour parer dans l'avenir aux dépenses de reconstruction des bâtiments, de réfection de voies, de remplacement de matériel. Si au lieu de cela on donne de gros dividendes aux actionnaires, on accomplit sans s'en douter l'œuvre des Danaïdes. L'actionnaire d'aujourd'hui, en effet, n'est pas l'actionnaire de demain. Le dividende excessif qui satisfait l'actionnaire d'aujourd'hui devient le dividende minimum qu'exige l'actionnaire de demain. Faites donc des sacrifices, différez certaines dépenses utiles, allez jusqu'à couper parfois l'arbre au pied pour mieux en recueillir les fruits présents, épuisez-vous enfin dans une exploitation hâtive, surmenée, anormale, en vue de distribuer de gros dividendes. A quoi cela vous conduit-il? A vous trouver en face d'actionnaires plus exigeants que jamais, en face d'une tâche d'exploitation rendue de plus en plus pénible.

Je connais l'objection : Mais le marché! mais la nécessité de soutenir le cours des actions, le crédit de la Compagnie! Mais le danger d'une baisse, d'une panique, d'un désastre! Erreur profonde! L'administrateur pénétré de l'importance de sa mission, de l'étendue de ses devoirs, ne doit pas craindre, pour les remplir, de se placer même au-dessus des clameurs des actionnaires. Avec le système que je préconise, il peut contre toutes les attaques rester calme et impassible, muni d'un arsenal de bons arguments. Qu'importent quelques plaintes passagères, si pendant ce temps une grosse réserve se constitue? Qu'importe que le cours des actions fléchisse par l'effet de quelques espérances déçues, si pendant ce temps la valeur intrinsèque de l'entreprise s'accroît successivement? Ce qu'il faut voir surtout, c'est qu'une grande modération dans la distribution des dividendes à l'origine est la marche la plus sûre pour porter à un moment donné, d'une manière définitive, les actions à leur niveau le plus élevé, les entreprises à leur plus complet déploiement de puissance et de grandeur.

Je reviens au système suivi par les Compagnies.

Voici où les entraîne l'exigence du dividende : A l'origine d'une entreprise, il y a toujours une multitude de dépenses dont l'imputation peut, selon l'appréciation de chacun et avec des raisons plus ou moins plausibles, être faite soit au compte de premier établissement, soit au compte d'exploitation. La sagesse conseille, en cas de doute, de grever l'exploitation en faveur du premier établissement. Mais dans le système des Compagnies, on trouve mille raisons pour ne pas opter dans ce sens. Il faut maintenir le crédit de l'entreprise, assurer l'exécution de nouvelles lignes. Comment y parvenir, si l'on ne distribue pas des dividendes convenables ? Quelle sera l'attitude des actionnaires devant un maigre dividende ? Ces raisons trouvées majeures ne tardent pas à faire pencher les opinions du côté du compte de premier établissement. On lui impute toutes les dépenses qui n'ont pas un caractère bien tranché d'exploitation courante. On lui impute jusqu'aux insuffisances de produits des premières années (1) qui, pour les grandes Compagnies actuelles, se chiffrent par dizaines de millions. L'État, justement soucieux de l'avenir des Compagnies, et aussi de son propre sort, car au double point de vue de la garantie d'intérêt et du partage des bénéfices, la question du compte de premier établissement des Compagnies l'intéresse, avait fixé un délai de cinq ans pour la fermeture ; mais, par les dernières conventions, ce délai a dû être porté à dix années. Toutefois, des limites infranchissables ont été assignées au flot montant de ce compte élastique et débonnaire. Cela suffira-t-il ? C'est ce que l'avenir nous apprendra. Mais si l'exploitation est allégée aux dépens du premier

(1) « Tant qu'une ligne, même terminée, n'est pas encore arrivée à sa production normale, parce qu'elle doit se prolonger ou se compléter par des embranchements nouveaux qui lui apporteront des augmentations de trafics assurés, on peut admettre que l'excédant de ses charges par rapport à ses produits soit porté temporairement au compte de premier établissement, si les lois de concession l'autorisent. »

(Rapport aux actionnaires de la Compagnie de Paris-Lyon-Méditerranée 1868.)

établissement, si les actionnaires sont satisfaits des dividendes qu'on fait supporter à ce compte, il n'en est pas moins vrai que lorsqu'il grossit, ce sont les charges de l'avenir qui s'aggravent.

Il importe, d'ailleurs, de remarquer que, même lorsque le dividende reste dans les limites des bénéfices normalement réalisés, ces bénéfices, dans les compagnies par actions, sont distribués aux actionnaires et consommés par eux. Ils sont donc perdus à jamais pour l'entreprise, qui reste ainsi abandonnée à ses seules forces primitives. En vain engendre-t-elle chaque jour des forces nouvelles; elle ne peut se les assimiler pour consolider sa valeur et accroître sa productivité. Il faut que, aussitôt après les avoir créées, elle se résigne à les perdre, sans espoir de retour. Il n'en est pas ainsi, je l'ai déjà dit, dans la plupart des entreprises privées.

Tels sont les vices organiques que renferme le système des Compagnies industrielles. Lorsqu'elles fonctionnent dans le giron des intérêts privés, nul, en dehors des associés, n'a le droit de s'immiscer dans leurs actes. Au contraire, lorsqu'elles ont reçu de l'État une délégation pour l'exploitation d'un service public, chaque citoyen peut à juste titre signaler et combattre des inconvénients qui touchent aux intérêts généraux du pays.

En résumé, je m'inscris contre le système de l'exécution des chemins de fer départementaux par les Compagnies, parce que les sommes énormes qu'elles prélèvent à leur profit, soit à l'origine, soit pendant la construction, soit pendant l'exploitation, sont pour l'avenir de ces entreprises une cause d'éternelle faiblesse.

CHAPITRE III.

De l'exécution par l'État.

C'est dans l'exécution des chemins de fer départementaux par l'État que réside la solution du problème économique qui nous occupe.

L'intérêt de l'État, l'intérêt du pays, l'intérêt de chaque citoyen sont hautement engagés, à des points de vue divers et tous très-importants, à ce que cette solution seule soit adoptée.

Je vais m'attacher à le faire ressortir.

Dès le début, je ferai remarquer que, dans la question du réseau départemental, l'intérêt général du pays domine tous les autres intérêts engagés. Nous ne sommes plus, en effet, au moyen âge où le régime féodal avait coupé le pays en une multitude de petits États séparés, vivant dans l'isolement, sans intérêts communs, sans relations, sans liens. Aujourd'hui, toutes les parties du territoire, tous les habitants sont solidaires : les moyens de transport en se perfectionnant ont cimenté cette union, à ce point qu'aujourd'hui les chemins de fer sont devenus indispensables à la vie du dix-neuvième siècle. Grands et petits forment maintenant les artères du corps social. C'est le pays entier qui profite de tout petit chemin construit. On boit dans le nord les vins du midi; on revêt dans le midi les étoffes du nord. L'échange des produits entre les diverses contrées est incessant, et il est rare qu'un de nos objets de consommation n'ait pas payé son tribut à quelque petit chemin de fer lointain. Ce n'est donc pas seulement chaque localité, mais le pays entier, qui est destiné à trouver des avantages nouveaux dans l'exécution du réseau départemental. Ces raisons qui justifient l'État d'être intervenu par son concours financier, l'autorisent surtout à prendre en main la haute direction de cette vaste entreprise et à mettre en jeu toute la puissance de ses moyens d'action pour la mener à bonne fin.

Je ne redirai pas ici à la suite de quel enchaînement complexe de faits et de considérations l'État se résigna, il y a trente ans, à adopter le système des concessions à l'industrie privée. J'ai montré les Compagnies affaiblies, épuisées par la spéculation, par les distributions de dividendes, malgré la richesse croissante de leurs trafics. Pendant ce temps, la France réclamait de toutes parts la création de lignes nouvelles. Les Compagnies, se tenant renfermées dans les obligations spécifiées en leurs contrats, demandaient de nouvelles conventions à l'État. Les Chambres protestaient. Mais le gouvernement venait dire : « Il faut que les chemins de fer se fassent », et la raison d'État triomphait de toutes les résistances.

C'est ainsi que les sacrifices de l'État en faveur des chemins de fer exploités par les Compagnies ont pris des proportions énormes. Les 21,040 kilomètres de chemins de fer existant au 1er avril 1868 ont coûté 9 milliards 328 millions 680,000 francs, et cette somme se décompose ainsi :

Part des Compagnies	7,882,680,000 francs.
Part de l'État.	1,446,000,000
	9,328,680,000 francs.

Il résulte de cet état de choses que lorsque les Compagnies de chemins de fer ont été dans la prospérité, elles en ont pleinement joui sans restriction ni entraves. Lorsqu'elles ont été dans la détresse, l'État, par raison d'intérêt public, a été forcé de leur venir en aide.

Je considère que l'État s'est ainsi, dès l'origine, trouvé mal engagé. Il existait des contrats, il les a respectés. Il a eu raison. Le respect des contrats est la base de l'ordre social. Mais il a été victime des nécessités qui lui étaient imposées, et il y a une grande importance à le soustraire le plus possible, dans l'avenir, à des situations semblables. Puisque quand les Chemins de fer souffrent, c'est l'État qui en supporte les charges, à lui, quand ils prospèrent, d'en recueillir les bénéfices.

J'examine dès à présent les objections fondamentales qui ont été le plus souvent reproduites contre le système de l'exécution par l'État :

Le rôle de l'État, dit-on, est de gouverner, non d'exploiter.

Cette idée, souvent présentée, est, je ne crains pas de le dire, absolument fausse .

L'État fait en réalité, pour les besoins de ses divers services, tous les métiers.

Quand il a eu besoin d'une flotte, il s'est fait constructeur de navires ;

Quand il a eu besoin d'une armée, il s'est fait architecte, mécanicien, fondeur, maquignon, carrossier, tailleur, cuisinier ;

Quand il a eu besoin de manier les fonds publics, il s'est fait banquier, spéculateur ;

Quand il a eu besoin de construire des ponts, des routes, des canaux, il s'est fait ingénieur, conducteur, maçon ;

Enfin si l'on réfléchit à la masse de travaux de toute sorte exécutés par des agents de l'État, pour le service de l'État, on reconnaîtra que l'État fait tous les métiers possibles.

Il a raison et d'ailleurs il s'en acquitte fort bien.

L'État ne déroge pas, il ne perd rien de sa dignité en exécutant tous ces travaux. Rien n'est indigne parmi les choses utiles.

L'État, on le sait, remplit encore d'autres grandes missions. C'est lui qui exploite la poste, les télégraphes. Il n'y a pas de raison pour qu'il n'exploite aussi les chemins de fer.

L'objection est donc sans fondement.

On donnait aussi autrefois cette raison déterminante pour condamner l'exécution des chemins de fer par l'État : Les ingénieurs, disait-on, construisent trop chèrement ; l'État ne peut, comme l'industrie privée, créer les chemins de fer et les exploiter avec économie.

Le pays a chèrement payé ce préjugé et cette injustice ; il n'est pas, j'imagine, disposé à recommencer l'expérience.

Quelques erreurs qu'aient pu commettre les ingénieurs, dans leurs premiers travaux de chemins de fer, au point de vue de l'économie, quelque amour de l'art qu'ils aient apporté dans leurs constructions pour leur imprimer, au détriment de la dépense, un cachet de grandeur et de beauté, jamais les sommes qu'ils ont pu prodiguer ainsi ne pourront se mesurer avec ces accumulations de millions que le système de l'industrie privée a permis à quelques audacieux spéculateurs de détourner des travaux à leur profit, par de scandaleuses manœuvres d'agiotage devenues la honte de notre époque. Il faut une grande légèreté ou une grande ignorance pour diriger des attaques contre ceux qui mettent sans réserve leurs études, leurs travaux, leurs talents et leur honnêteté au service de la chose publique, tandis qu'on se montre indifférent, souvent même plein d'indulgence, pour ces exactions désordonnées de la finance qui commence à extraire, pour se l'approprier, toute la séve des entreprises, puis les rejette, affaiblies et stérilisées, entre les mains des pauvres gens dont elle ruine à la fois les espérances et les épargnes.

Avant d'attaquer les ingénieurs, commencez donc par démolir les banquiers ; nous verrons après.

Examinons toutefois la valeur actuelle de l'objection.

Depuis trente ans, la presque totalité des lignes françaises ont été construites par les ingénieurs de l'État, agissant tantôt pour le compte de l'État, tantôt pour celui des Compagnies. Ils ont donc fait leurs preuves, ils savent aujourd'hui construire des chemins de fer, et en présence d'une vaste exécution de ces travaux à réaliser, il est permis de compter sur leurs lumières, sur leur longue expérience. Il ne serait pas sérieux de soutenir que le même ingénieur, selon qu'il est placé sous les ordres des Compagnies ou de l'État, sait faire des économies ou s'abandonne à des dépenses exagérées. Le jour où l'État voudra créer des lignes de chemins de fer économiques, ses ingénieurs sauront les construire avec le minimum de dépense. On créerait, au lieu de ces Conseils d'administration des Compagnies où l'on est confondu de trouver certains noms, une Commission supérieure formée de l'élite des hommes qui se sont distingués dans les travaux de construction et dans les services d'exploitation de chemins de fer. Cette Commission serait chargée de présider à l'établissement des voies nouvelles.

D'ailleurs on se hâterait lentement, selon le précepte de César. On ne serait plus pressé comme aux premiers jours de la création des chemins de fer, où on était avide de jouir pour la première fois du précieux moyen de transport. Les projets seraient bien mûris, on passerait de bons marchés, on prendrait bien son temps. L'économie serait la règle souveraine de cette nouvelle exécution. Pensez-vous que, de la sorte, les choses iraient plus mal qu'entre les mains de l'industrie privée ? Voyez si les constructions du génie maritime, du génie militaire, ne présentent pas, au point de vue de l'économie stricte, toutes les conditions désirables ? Sur quoi pourrait-on se fonder pour supposer qu'il n'en serait pas de même dans le génie civil ?

Vainement citera-t-on comme preuve certains faits accomplis. Il a pu arriver qu'à l'origine des chemins de fer, pour quelques lignes entreprises par l'État, celle de Paris à Lyon, par exemple, on ait déployé un certain luxe de constructions inutiles. Qu'est-ce que cela prouve ? N'y a-t-il pas souvent à l'origine des créations nouvelles certaines écoles à faire, et ne voit-on pas d'ordinaire les hommes les plus versés dans les sciences d'application les mieux assises, errer un peu à l'aventure dans les innovations qu'ils entreprennent, jusqu'à ce que l'expérience soit venue donner une base solide à leurs conceptions ?

En réalité, ces indécisions n'ont qu'un temps ; bientôt les ténèbres se dissipent et la lumière luit. En ce qui concerne les ingénieurs français, trente années, je le répète, nous séparent de leurs débuts dans les chemins de fer. Il ne leur a fallu qu'une courte méditation, à l'origine, pour bien saisir les rapports harmoniques qui, dans une entreprise industrielle, doivent unir les frais de premier établissement aux revenus probables. Ils sont aujourd'hui très-bien fixés à tous les points de vue. L'État ne saurait mieux faire que de leur confier pour son propre compte l'exécution du réseau des chemins de fer départementaux.

On pourrait, à cette occasion, reprendre la pensée que l'on avait eue il y a trente ans, et que le système des Compagnies fit abandonner, d'employer les troupes à l'exécution des travaux. Marius et Scylla ne faisaient pas autrement pour entretenir la vaillance de leurs légions. L'État trouverait dans cette combinaison le double avantage de faire de grandes économies et de rendre les soldats aptes à construire promptement des chemins de fer pour les armées en campagne.

On objecte encore l'incompétence de l'État en matière d'exploitation.

Cette objection n'est pas plus fondée que les précédentes. Il en est du métier d'exploitant des chemins de fer comme de tous les métiers. Ils s'apprennent par l'usage. Le personnel des compagnies de chemins de fer ne s'est pas formé autrement. Pour l'État comme pour les Compagnies, du haut en bas de l'échelle, les hommes intelligents, actifs, dévoués ne manqueront pas. Ils ne manqueront pas davantage pour l'action dirigeante proprement dite. L'administration de l'État ne saura sans doute pas imiter certains raffinements d'exploitation dont les Compagnies possèdent le secret. Mais personne ne s'en plaindra. Ces combinaisons stratégiques, ces luttes inégales du monopole contre les intérêts privés ne sont pas précisément indispensables à la bonne marche des affaires d'un chemin de fer. Il n'est pas nécessaire d'en conserver la tradition. L'État exploitera plus simplement et ce sera un bien pour tout le monde. Les tarifs se réduiront à quelques termes simples ; ce ne sera pas un mal. Au contraire, tout ce qui est diffus et compliqué, comme les tarifs actuels, est mauvais. Qui pourrait affirmer que les tarifs fixés par l'État exploitant ne seront pas plus profitables pour tous, pour l'exploitant lui-même, que les tarifs des Compagnies monopoles ? Pour moi, qui ai écrit un livre pour démontrer qu'en matière de tarifs les Compagnies méconnaissent leurs propres intérêts, je ne suis nullement convaincu de la supériorité de leur exploitation sur celle que l'État serait susceptible d'organiser.

Examinons, du reste, d'un coup d'œil rapide, les divers services d'exploitation les uns après les autres.

Prenons en premier lieu le service des gares et stations. En quoi le fait de relever de l'État au lieu de dépendre d'une Compagnie, peut-il modifier l'action, la manière d'être, les services rendus par les agents de ce service ? On ne voit pas de différence.

Le service de la traction est à la fois technique et économique. Au point de vue de l'art de l'ingénieur, c'est le plus souvent aux ingénieurs de l'État que les Compagnies ont recours. Quant aux économies à réaliser dans ce service, comment les Compagnies y sont-elles parvenues ? Soit en instituant des régies intéressées, soit en créant un système de primes. L'État se placerait dans les mêmes conditions et obtiendrait les mêmes résultats.

Le service de la voie est encore plus exclusivement technique et presque toujours confié aux ingénieurs des ponts et chaussées. Il n'y a pas deux manières de le gérer. L'entretien de la voie, des terrassements, des travaux d'art, se fait partout d'après les mêmes règles, en vertu des mêmes principes. Il est très-indifférent que ce service relève de l'État ou d'une Compagnie.

Le service du mouvement est réglé pour ainsi dire, dans ses dépenses, d'une manière mathématique.

Le service de la perception est une affaire de comptabilité. Quelle comptabilité est mieux réglée que celle de l'État?

Il reste comme pierre d'achoppement le service commercial. Le personnel de ce service ressemble encore au personnel de tout autre service ; le chef du service commercial a seul l'initiative; je ne parlerai donc que de lui seul.

Pour le chef de ce service, on fera comme font les Compagnies ; on prendra un homme spécial. L'État changera de personne, jusqu'à ce qu'il trouve celle qui remplit son but. Il prendra cette personne soit dans les rangs du commerce (les candidats ne manqueront pas), soit dans son personnel administratif, soit enfin parmi les ingénieurs eux-mêmes, puisqu'il se trouve en ce moment, parmi eux, des exploitants de première force.

Ainsi, que les chemins de fer départementaux soient entre les mains de l'État, et ils fonctionneront au moins aussi bien qu'entre les mains des Compagnies. L'État, avec son personnel d'ingénieurs, saura très-bien s'acquitter de son mandat. Pour toutes les fonctions importantes, pour tous les services à organiser et à conduire, c'est aux ingénieurs de l'État que les Compagnies se sont le plus souvent adressées, et elles ont eu d'autant plus lieu de se féliciter de leur choix que ces ingénieurs, sortis des rangs de l'administration publique, ont importé dans le service des chemins de fer leurs habitudes d'ordre, de travail, mieux encore, leurs idées de justice et leur haute moralité.

En résumé, on le voit, l'État, comme les Compagnies, a en mains tous les moyens d'exploiter les chemins de fer dans toutes les conditions désirables de régularité et d'économie.

D'ailleurs, remarquons-le bien, on sait aujourd'hui ce que coûtent les dépenses d'exploitation. Les statistiques d'exploitation abondent de renseignements précis, certains. S'il est bien démontré que la dépense d'exploitation des chemins de fer ne saurait dépasser une certaine proportion bien précise de la recette brute, l'attention de l'État serait bien vite éveillée sur tout abus de dépense.

Enfin, je puis citer, non le service de la télégraphie qui exige d'impérieuses réformes, mais celui de la poste, comme exemple d'un grand service exploité par l'État dans d'excellentes conditions d'économie dans les dépenses, d'abondance dans les bénéfices nets réalisés.

J'ajouterai une remarque générale :

Le personnel des chemins de fer ne pourra que gagner à fonctionner sous les ordres de l'État. La situation d'employé de l'État est honorée en France à tous les degrés de la hiérarchie administrative. Celle d'employé des Compagnies est loin d'avoir le même prestige. En outre, dans l'État, les positions sont plus sûres, la hiérarchie mieux établie, le népotisme moins influent. On dit bien que la sécurité enlève au travail ce stimulant du besoin qui en fait la fécondité. A cet égard, je ne dis pas qu'il n'existe encore dans les labyrinthes des ministères quelques coins cachés où végètent, étiolées et rabougries, quelques intelligences victimes de ce régime cellulaire consistant à vivre chaque jour, de 10 heures à 4 heures, privé d'air, de bruit et de mouvement, entouré d'une nécropole de dossiers et dans une atmosphère toute imprégnée de l'onction administrative. Mais dans les services actifs, la paresse n'est pas possible. On est en présence d'une tâche nécessaire, il faut la remplir. Dans les chemins de fer, notamment, il faut que les trains marchent ; on n'a pas le temps de rester inactif devant la nécessité. D'ailleurs, la question de personnel, dans toutes les administrations, se résout toujours par une question de moralité. Pratiquez ces deux vertus, la justice et la bienveillance, et vous obtiendrez de votre personnel le parfait accomplissement de tous ses devoirs.

Autant s'évanouissent les objections faites au système de l'exploitation par l'État, autant surgissent au contraire de légitimes inquiétudes à l'égard du régime d'exécution par les Compagnies. J'ai déjà fait ressortir les vices fondamentaux inhérents à ce régime. Je vais montrer plus spécialement combien dans l'espèce, à de nouveaux points de vue, l'État est encore préférable aux Compagnies.

Je parlerai en premier lieu de la première période de l'exploitation.

Je n'affirmerai point qu'il n'y ait à l'origine des chemins de fer départementaux quelques sacrifices à supporter. Analysons, en effet, ce qui va se passer.

Les voies du réseau départemental ne manqueront pas, comme je l'ai établi plus haut, de féconder chaque localité de la France, en la reliant d'une manière économique au réseau principal des chemins de fer. Ainsi, ces voies nouvelles vont modifier les habitudes des contrées, donner des facilités plus grandes à la production, étendre les débouchés de la consommation, transformer en un mot d'une manière radicale le régime économique en tout lieu.

Mais cette transformation exigera plusieurs années pour s'opérer, et avant qu'elle ne soit complète, on peut, sans être prophète, prédire que bon nombre de lignes du réseau départemental pourront être peu fructueuses.

Il faut donc prévoir que l'exploitant puisse avoir, à cause de la difficulté des débuts, une certaine période d'épreuves, de sacrifices, à traverser.

Ces sacrifices, l'État a seul la force de les supporter. Quand ils sont nécessaires, il s'impose des privations momentanées acceptées par tous ; la souffrance n'a qu'un temps ; bientôt il en est affranchi, et son entreprise redevient prospère.

Les Compagnies, au contraire, ne peuvent y faire face qu'en entassant expédients sur expédients, en grossissant leurs charges de l'avenir, en courant des aventures que la méfiance ou l'inconstance des actionnaires précipite, de telle sorte que, malgré tous les efforts, la situation de ces Compagnies, quelquefois, empire de jour en jour. Un moment vient où l'État, pour les empêcher de sombrer, est obligé de venir à leur secours. Qu'on y prenne donc garde ! C'est peut-être une question de vie ou de mort pour les Compagnies ou de lourdes charges pour l'État. Profitons de l'expérience du passé si concluante, si décisive.

Jai dit ce qui est à craindre, si la crise survient. Mais, ne peut-on la conjurer ?

Il n'y a rien à attendre des Compagnies pour conjurer cette crise de la première période de transition.

Au contraire, on peut espérer que l'État, par sa sagesse, parvienne à en atténuer les effets, peut-être même à en triompher. L'État, en effet, a en mains tous les moyens désirables pour que l'opération soit conduite avec économie et intelligence. Je l'ai suffisamment établi. Il fera d'ailleurs appel aux ressources des départements et des communes, de façon à servir les premiers ceux qui se seront montrés les plus généreux dans leurs parts contributives. Enfin le trafic des lignes à construire sera toujours bien étudié d'avance et le projet d'exécution sera approprié, industriellement et financièrement parlant, à l'importance de ce trafic. Dans ces conditions d'établissement, il est très-possible que la majeure partie des 20,000 kilomètres de chemins de fer à établir économiquement dans la France actuelle, dès le début de leur exploitation, produisent un trafic suffisant pour payer au delà de leurs frais. En tous cas, on peut sérieusement espérer que l'opération, même entravée sur certains points, par quelques insuffisances des premières années, sera immédiatement fructueuse dans son ensemble pour l'État entrepreneur.

Mais je n'en ai pas fini avec les inconvénients des Compagnies. Supposons les chemins de fer départementaux construits par elles, et plaçons-nous dans cette période de crise du début. Indubitablement, les Compagnies chercheraient à parer à l'insuffisance du trafic par des tarifs élevés. Ainsi se créerait ce cercle vicieux funeste, qui est le plus grand ennemi du progrès : on maintient des tarifs élevés parce que les transports ne sont pas assez abondants ; les transports ne sont pas assez abondants parce qu'on maintient les tarifs trop élevés. Ce cercle vicieux est de fer. Quand on y est engagé, il est difficile de le rompre. Voyez ce qui arrive aujourd'hui avec les grandes Compagnies ; elles ne parviennent pas à en sortir.

Certains économistes protestent en posant comme principe absolu que les tarifs s'abaissent d'eux-mêmes ; c'est une erreur. Cet effet ne se produit que sous le régime de libre concurrence. Dès que le libre débat de l'offre et de la demande disparaît, les tarifs n'éprouvent plus que des variations arbitraires. Or, c'est toute une science que de diriger les variations de tarifs dans une entreprise monopole, et une science d'autant plus difficile que le sentiment naturel est toujours de maintenir les tarifs élevés, tandis que le véritable intérêt commande de les tenir très-bas. Voilà pourquoi le cercle vicieux existe. Cet antagonisme est la source de bien des erreurs et c'est le pays qui en souffre.

Il n'y aurait pas lieu de craindre ce cercle vicieux si l'exploitation du réseau départemental était placée entre les mains de l'État. L'État seul a la puissance de faire des sacrifices pour atténuer les effets des périodes de transition. Car tandis que les Compagnies n'ont qu'un temps, l'État est éternel. Qu'on se rappelle ce qui eut lieu en 1847 pour le service des postes. A cette époque, la taxe des lettres fut en moyenne réduite de moitié. Aussitôt le service des postes subit une grande diminution de bénéfices. Mais l'État tint ferme contre cette diminution des revenus publics. Il comprenait qu'il avait à franchir une certaine période de transition. Cette période dura huit ans. Il fallut huit années pour que les bénéfices atteignissent le niveau qu'ils avaient au moment de la réforme. La recette brute, il est vrai, augmenta dès le premier jour, à cause de l'accroissement du nombre de lettres. Mais comme il y avait plus de lettres à transporter, les dépenses d'exploitation avaient augmenté. C'est ainsi que pendant huit ans cette utile réforme diminua les bénéfices du Trésor public. Cette période de transition passée, les bénéfices allèrent sans cesse en augmentant selon une progression très-rapide.

Si donc un sacrifice est nécessaire pour la période de transition des chemins de fer départementaux, l'État saura se l'imposer, et il ne recourra pas dans ce but à une élévation exagérée de tarif.

Ainsi, avec le système des Compagnies, les tarifs seront très-élevés. Avec le système de l'État, ces tarifs seront mieux conformes à tous les intérêts. Entre l'exploitation avide et oppressive de l'industrie privée et l'exploitation désintéressée, tutélaire, de l'État, le pays n'a qu'à choisir.

Voyez d'ailleurs quels dangers pour les petites Compagnies elles-mêmes placées sous la dépendances des grandes. Dans toutes les questions d'intérêts communs, les petites ne seront-elles pas opprimées, écrasées, même si elles manquent de soumission? En vérité, leur permettre de vivre, c'est d'avance les offrir en holocauste, et le pays n'en sera pas plus heureux pour cela.

Je propose, au contraire, de substituer à ces Compagnies impuissantes, l'État qui traitera de puissance à puissance avec les grandes Compagnies et saura défendre, contre leurs prérogatives excessives, l'intérêt public souvent opprimé. On ne saurait hésiter.

Considérons d'ailleurs l'intérêt personnel de tout citoyen. Que doit préférer chacun de nous? Que les bénéfices résultant de l'exploitation des chemins de fer aillent entre les mains des Compagnies ou entre les mains de l'État?

La réponse n'est pas douteuse.

Si les bénéfices sont la propriété des Compagnies, ils sont distribués aux actionnaires qui, de la sorte, deviennent plus riches, consomment davantage et font hausser les prix des produits. Le citoyen non actionnaire paie tout ce qu'il achète plus cher, ou, ce qui revient au même, sa fortune, toutes choses égales d'ailleurs, diminue. Voilà pour lui la conséquence de l'exploitation par les Compagnies.

Si au contraire les bénéfices de l'exploitation sont acquis par l'État, tout le monde en profite, car ils diminuent d'autant la somme que l'État doit annuellement demander à l'impôt. En réalité, l'on peut dire que lorsque les chemins de fer sont exploités par l'État, chacun ne paie pour en faire usage que rigoureusement le prix de revient seul. Le supplément perçu par l'État, qui constitue le bénéfice, lui est restitué sous forme de services publics.

On répondra peut-être que le capital des chemins de fer est devenu la propriété de myriades de citoyens. Ils ont prêté leurs capitaux pour la construction des chemins de fer; ils en recueillent des bénéfices, et c'est justice, car c'est la loi de toute les industries.

Non; l'intervention de l'État dans les affaires des Compagnies, ses énormes subventions forcément accordées par raison d'intérêt public changent complétement le caractère de l'industrie des chemins de fer. Une industrie que l'État est obligé de toujours soutenir de ses deniers dès qu'elle est en souffrance n'est pas fondée sur des bases équitables. Il n'est pas équitable qu'un actionnaire touche des dividendes aux jours prospères si, aux jours de détresse, l'État intervient pour lui assurer des revenus. C'est donc le caractère de service public qui empêche l'industrie des chemins de fer de rentrer dans la loi commune; c'est aussi ce caractère qui impose le devoir de placer cette industrie entre les mains de l'État, dans l'intérêt de l'équité, du trésor public et du pays.

Un des plus sérieux avantages de l'exécution du réseau départemental par l'État réside dans l'unité qui présidera à l'ensemble de l'œuvre, unité dans les types de construction, de voies, de matériel roulant, unité dans les raccords au réseau principal, unité dans le mode d'exploitation, unité dans le tarif, unité enfin dans l'impulsion générale imprimée à la marche des divers services. Qui peut dire à quels regrets on serait un jour condamné lorsque, témoin des complications nées des questions de transit, de trafic commun entre les Compagnies, on reconnaîtrait l'impossibilité de sortir avantageusement d'un dédale devenu inextricable?

En outre, au milieu des luttes, des passions, des influences locales que provoquent les déterminations de tracés, les vrais intérêts des départements ne risquent-ils pas quelquefois d'être sacrifiés à l'intrigue? On est bien plus à l'abri de cette action nuisible, si c'est l'État, éloigné et désintéressé, qui décide.

Enfin, il faut encore le reconnaître, toutes les questions de grands tracés à travers la France ne sont pas complètement résolues par le réseau actuel. Il y a encore, à l'aide des chemins de fer départementaux se prolongeant les uns les autres, de grandes artères à créer dans le pays. Les conseils généraux sont forcément étrangers à ces combinaisons; il n'entre pas dans leurs attributions de s'en préoccuper. Ils prennent volontiers des délibérations contraires aux intérêts de la viabilité générale, dès qu'un intérêt local le leur commande. Cette situation crée, pour le perfectionnement de nos grandes voies de conmunication, un péril que l'exécution par l'État peut seule conjurer.

L'Enquête de 1863 sur les chemins de fer a fait reconnaître la nécessité de bien des réformes. Les Compagnies ne font pas assez de trains, surtout en hiver. Les trains ne marchent pas assez vite (1), les délais d'expédition des marchandises sont trop longs, les conditions du transport trop complexes, les tarifs trop élevés. Ces inconvénients durent depuis l'origine des chemins de fer, sans que rien autorise à penser que les Compagnies, de leur propre initiative, doivent bientôt changer de système.

L'État, il est vrai, contrôle et autorise les actes des Compagnies. Il semble donc que la responsabilité en doive remonter jusqu'à lui. Mais, voyons comment les choses se passent dans la pratique. Dès que l'État oppose quelque résistance aux vues des Compagnies, celles-ci invoquent leurs charges, leur responsabilité, les entraves au service, l'intérêt des actionnaires, et l'État finit, simple spectateur, par céder là où, exploitant, son autorité se fut exercée.

D'un autre côté, il ne faudrait pas supposer que les libéralités de l'État devenu exploitant, à l'égard du public, pourraient devenir onéreuses pour le Trésor. Il est en toutes choses

(1) J'ai fait récemment les deux voyages suivants par trains express :

	NOMBRE DE		Durée du trajet.	Soit vitesse à l'heure, arrêts compris.
	Milles.	Kilomètres.		
Londres à York....	191	307	4 h. 40	66 kilomètres
Paris à Bordeaux..	»	585	10 h. 55	53

un juste milieu. La libéralité bien entendue est celle qui pèse avec justesse tous les intérêts. Il y a lieu, sous ce rapport, de s'en rapporter aux mesures qui seraient dictées par une sage administration.

Je le répète : l'intérêt privé, si fécond en grands résultats dans le régime de libre concurrence, n'est plus, dès qu'on lui confie le monopole des services publics, qu'un despote faisant courber tous les intérêts individuels sous sa loi. Mieux vaut mille fois l'administration de l'État qui, désintéressée, consciencieuse, tutélaire, sait établir une juste pondération entre les intérêts de chacun et les intérêts de tous.

Quelques critiques de détails que l'on puisse lui adresser, quelques excès de centralisation qu'on lui reproche, l'administration publique en France n'en fait pas moins à juste titre l'admiration de toutes les nations civilisées et l'orgueil de notre patrie. A côté de cette masse considérable de citoyens qui s'enrichissent dans le commerce, l'industrie, la banque, les grandes entreprises, existe une classe nombreuse de fonctionnaires et employés de l'État, pleine d'hommes intelligents et capables, et dans laquelle chacun renonçant d'avance à la fortune, vit modestement dans l'ombre, voué à la chose publique, fidèle au devoir et fier de sa considération. L'honorabilité dans les fonctions publiques n'est pas seulement le caractère de quelques individus; c'est celui des administrations entières. Ces corps constitués, avec leurs règles sévères, leurs susceptibilités, leur esprit, offrent un utile exemple au reste de la société. Les masses ont intérêt à vivre à côté d'eux, à s'imprégner de leurs idées. Il faut cette atmosphère pure à côté de la corruption qu'engendre incessamment la lutte des intérêts privés contre le devoir. Les administrations françaises, on peut le dire, non-seulement accomplissent tout le travail nécessaire à la bonne marche de l'État, mais elles sont aussi les dépositaires, les gardiens fidèles, les propagateurs influents au sein de notre société des éternels principes de moralité publique.

Un mot encore pour terminer ces considérations :

En proposant l'exécution par l'État du réseau des chemins de fer départementaux, je n'ai pas eu en vue un simple expédient. Je me suis inspiré d'une pensée plus haute. Cette proposition se rattache à un principe assez méconnu jusqu'à notre époque et qui deviendra un jour, par sa grandeur et sa fécondité, la véritable source des revenus publics. Ce principe, le voici :

« L'État doit rechercher dans l'exploitation des services publics les ressources nécessaires aux dépenses publiques. »

Ne parlez pas d'insuffisance de ressources. Les gouvernements de tous les pays ont, jusqu'à ce jour, aliéné à leur insu, au profit de l'industrie privée, presque toutes les sources de revenus publics.

Tant qu'on ne laissera pas l'État exploiter lui-même les sources naturelles de ses revenus, les causes d'embarras financiers, de lourds impôts, de tiraillements, subsisteront; c'est au développement de la richesse publique, seul, qu'on devra de ne pas trop en ressentir les effets.

Ce n'est pas ici le lieu de développer cette thèse. Je ne puis que l'indiquer succinctement. Mais elle est essentiellement basée sur cette séparation d'intérêts fondamentale, à savoir que, dans un État civilisé, les services privés ne concernent que les intérêts privés ; les services publics concernent essentiellement l'État. A chacun d'exploiter ce qui lui incombe. Cette séparation, je le dis en passant, établit un abîme entre la doctrine que j'énonce et celle du communisme.

Que de fois n'objecte-t-on pas : « Faut-il donc tout faire faire par l'État? » On le voit, il n'y a qu'un mot à dire pour éclairer cette confusion et dégager la vérité : l'État ne doit pas être exploitant, en ce qui concerne les produits appartenant au domaine général du commerce ; l'État doit l'être et a l'exclusion de tous, pour les services publics.

Il ne reste plus qu'à bien faire la distinction des services privés et des services publics, puis à appliquer, dans la plénitude des développements qu'il comporte, le principe que je viens d'énoncer, pour avoir résolu le plus grand problème économique des sociétés, le problème de l'impôt.

Ce n'est pas le lieu d'en dire davantage.

Mais c'est au nom de ce principe que je demande aujourd'hui l'exploitation par l'État du réseau départemental des chemins de fer.

En résumé, avec le système de l'exécution des chemins de fer par l'État, l'entreprise du réseau pourra être immédiatement commencée.

Le choix des lignes sera fait méthodiquement, selon leur ordre d'importance, et l'on aura ainsi cet avantage, que les premières exécutées seront celles qui réagiront le plus énergiquement pour développer le trafic sur les lignes restant à construire.

On ne sera pas exposé à voir l'exécution retardée par l'insuffisance des ressources des Compagnies.

On ne sera pas exposé à voir cette exécution abandonnée à la suite de faillites des Compagnies concessionnaires.

Les travaux suivront une marche régulière.

La dépense de premier établissement sera réduite au strict nécessaire.

Les dépenses fantastiques de formation des Sociétés seront évitées.

L'exploitation des lignes, confiée à l'État, se fera dans des conditions éminemment équitables.

Elle se fera dans les conditions d'économie que la pratique a consacrées.

L'État aura en mains un instrument d'action assez efficace pour agir énergiquement sur les grandes Compagnies, contrebalancer la puissance de leur monopole, leur faire une loyale concurrence, les pousser enfin avec une autorité basée sur l'expérience comme sur la connaissance des besoins des populations, dans la voie la plus favorable aux intérêts privés.

Plus spécialement, les questions de tarifs seront, par cette intervention pratique et éclairée de l'État, résolues au mieux de l'intérêt de tous les citoyens.

Alors la France dotée d'un magnifique réseau de chemins de fer, offrant à la fois des transports faciles et économiques en tous lieux, pourra donner tout son essor à l'industrie, sûre désormais d'être placée dans des conditions éminemment favorables en ce qui concerne cet élément si important du prix de revient de la grosse production, le transport.

Au lieu de créer une œuvre hétérogène, variable, discordante, sans type arrêté, ayant une multitude de frais généraux et offrant des difficultés inextricables par l'antagonisme créé entre les diverses parties intéressées, on fera une œuvre homogène, établie sur un petit nombre de types uniformes, où l'économie pourra être réalisée dans toutes les branches de dépenses, où tout aura été judicieusement préparé en vue d'atteindre à ce but incessant des travaux des hommes, dans tous les pays et dans tous les temps, l'abaissement des prix de toutes choses.

CHAPITRE IV.

Emprunt de quinze cent millions.

Le principe de l'exécution du réseau départemental par l'État étant admis, il faut pouvoir l'appliquer.

Je vais estimer approximativement le montant de la dépense à faire dans le pays entier pour l'exécution du réseau départemental.

Il faut compter environ 300 kilomètres de chemins de fer en moyenne par département, soit pour 90 départements 27,000 kilomètres de chemins de fer à créer.

On peut admettre approximativement comme limite supérieure que le coût moyen d'un kilomètre de chemin de fer économique sera de 50,000 francs, soit.	1,350,000,000
A cette somme, il faut ajouter pour dépenses supplémentaires	250,000,000
Total	1,500,000,000

Il n'y a pas d'hésitation possible, c'est à l'emprunt qu'il faut demander ces quinze cent millions.

Le gouvernement aura mille fois raison de tenir le langage suivant au pays :

« Nous sommes en présence d'une vaste opération indus-

« trielle qu'il faut réaliser avec le plus d'économie et de « promptitude pour le bien général.

« Puisque tous doivent jouir des bienfaits de cette créa- « tion, que tous concourent à la faire.

« Quinze cent millions sont nécessaires.

« Le pays regorge d'argent improductif.

« Qu'il prête son argent à l'État à 4 1/2 0/0 d'intérêt. »

Si l'opération produit plus, l'État, après avoir payé l'intérêt de 4 1/2 0/0 aux prêteurs, se trouvera possesseur d'un bénéfice qui sera versé au trésor public et allégera d'autant chaque année les charges de l'impôt. Ainsi l'universalité des citoyens recueillera intégralement les fruits de l'opération industrielle des chemins de fer départementaux.

Si elle donne moins, l'État devra demander chaque année à l'impôt le complément nécessaire pour payer aux prêteurs la totalité des 4 1/2 0/0. Mais, même dans ce cas, le pays recueillera encore un avantage de l'opération faite, car, s'il est vrai que l'impôt se sera un peu accru, du moins le pays doté de 20,000 kilomètres de chemins de fer venant s'ajouter aux 20,000 existant déjà, aura trouvé dans cette vaste création mille moyens nouveaux de réaliser bien au delà des bénéfices nécessaires pour payer ce surcroît d'impôt.

Ainsi le caractère essentiel de cette combinaison est celui-ci :

L'universalité des citoyens entreprend à ses risques et périls l'affaire industrielle de la création des chemins de fer départementaux. J'ai montré qu'elle fera cette entreprise dans des conditions éminemment économiques, que par suite elle a de grandes chances d'y trouver directement d'importants bénéfices ; quoi qu'il en soit, elle accepte d'avance la perspective, peu probable d'ailleurs, de subir des pertes, parce que, même dans ce dernier cas, elle trouvera dans l'entreprise créée les plus larges compensations. C'est dans ce but qu'elle emprunte quinze cent millions à la fraction de citoyens, prise dans son sein, qui est disposée à les lui prêter à 4 1/2 0/0 d'intérêt annuel.

Le pays ne saurait trouver une combinaison meilleure, plus conforme à ses vrais besoins, mieux faite pour satisfaire dans le plus court temps possible les vœux de tous.

La pensée de faire un emprunt de quinze cent millions pour l'exécution des chemins de fer départementaux serait, il ne faut pas en douter, accueillie avec faveur dans toute la France. Le succès des emprunts, je ne l'ignore point, dépend essentiellement des conditions financières offertes aux prêteurs. Selon le faux de l'émission, les guichets sont assiégés ou les souscripteurs sont introuvables. Il n'en est pas moins vrai que le pays raisonne, se rend compte et apprécie judicieusement toutes les situations. Ainsi, il sait très-bien que lorsqu'un emprunt a pour objet de parer aux dépenses d'une guerre lointaine, l'emploi de l'argent reste stérile et la France s'appauvrit. Il sait aussi que l'emprunt destiné à des dépenses faites à l'intérieur pour créer des sources nouvelles de richesse ne peut que contribuer à accroître le bien-être de tous et à consolider notre puissance.

L'emprunt de quinze cent millions que je propose sera souscrit avec d'autant plus de confiance qu'il reposera sur une garantie très-stable. Quelles que soient les épreuves, les vicissitudes des temps, nous ferons de plus en plus usage des voies de communication. La loi du progrès nous pousse. Il n'est pas possible de rétrograder vers l'état économique du moyen âge ou de la barbarie. Les chemins de fer sont donc appelés à une prospérité croissante. Les lignes construites par l'État avec l'emprunt de quinze cents millions auront une valeur réelle de plus en plus grande.

Avec l'emprunt que je propose, pas un atome du capital emprunté ne serait stérile. Il serait entièrement affecté à féconder les richesses du pays. Le jour où cet emprunt aurait été réalisé, la France, on peut le dire, aurait en 24 heures puissamment augmenté sa richesse. N'a-t-on pas en effet presque la moisson, quand on possède le champ, les semailles et les bras ?

On peut sans crainte demander quinze cent millions pour les chemins de fer départementaux à ceux qui, pour un emprunt de 450 millions relatif aux travaux de Paris, ont apporté plusieurs milliards. Je suis de ceux qui admirent le plus dans leur ensemble l'exécution de ces derniers travaux. Mais combien l'utilité de la création des chemins de fer départementaux laisse loin d'elle celle que peut offrir l'embellissement de la capitale !

Le pays qui a donné neuf milliards aux Compagnies pour créer le réseau actuel des chemins de fer saura en donner un et demi à l'État pour doubler la longueur de ce réseau.

Qu'est-ce que c'est d'ailleurs pour la riche France de 1869, que donner 1500 millions à l'emprunt pour exécuter des travaux d'utilité publique, sources futures de gros revenus ?

J'irai plus loin. C'est une erreur de croire qu'un service public doive toujours rapporter des bénéfices pour justifier sa création. Voyez les canaux, voyez les routes qui sont libres et gratuites. Il y a des cadeaux qu'une société civilisée doit savoir se faire à elle-même. Remarquons-le d'ailleurs : que de sacrifices d'hommes et d'argent ne faisons-nous pas pour le triomphe de nos principes. Comment hésiterions-nous d'en faire aussi pour léguer à nos descendants cet auxiliaire de la civilisation qui doit marcher de pair avec les idées, la richesse ?

Hésiter serait donc se faire une fausse idée des ressources du pays ; ce serait aussi méconnaître les vrais principes qui doivent guider dans l'organisation des moyens de progrès. Il n'est pas douteux que chacun verrait avec joie notre dette publique s'accroître de quinze cent millions si au budget des recettes devait figurer, en contre-partie 70, 80, 100 millions pour recettes nettes effectuées sur les chemins de fer départementaux.

Pour ces diverses raisons, l'emprunt fait en vue des travaux de la paix serait extrêmement populaire.

Qui peut dire combien répandraient de bienfaits dans le pays, vingt mille kilomètres nouveaux de chemins de fer, pénétrant dans toutes les régions du territoire, pour relier aux grandes lignes qui forment le réseau actuel tout lieu de production, tout centre de travail, c'est-à-dire pour mettre toutes les forces productives de la nation en communication directe, facile et économique avec les grandes villes, les ports de mer, avec le monde entier. Sans nul doute, les lignes actuelles ont exploité le meilleur terrain, aspiré le trafic le plus riche, mais leur action, entravée par l'état du reste de la viabilité, est encore bien incomplète. Si l'on crée ces mille petites lignes diverses du réseau départemental, chacune produira en petit, dans sa contrée, l'effet de fécondation que les grandes lignes ont exercé sur les régions parcourues par elles, et cet effet, manifesté en tout lieu, multiplié par le nombre considérable de ces petites lignes portera, on ne peut en douter, de grands fruits. Les grandes lignes seront elles-mêmes, malgré la concurrence qu'elles subiront sur quelques points, les premières intéressées à ce déploiement général de voies ferrées qui les pénétreront, et se lieront à elles par mille attaches. Le pays entier, au double point de vue du travail et de la richesse, se trouvera merveilleusement de ce nouvel état de choses.

D'ailleurs, donner du travail à tous, intéresser chacun au maintien de la paix publique, c'est encore le plus sûr moyen de rendre une nation prospère, de lui enlever ces plantes funestes de l'agitation et du désordre qui végètent dans les bas-fonds de la société et minent sourdement l'édifice. Toutes les nations ont jugé nécessaire de soustraire les masses à l'inaction pour assurer la tranquillité publique. En Égypte et à Rome on inventait des travaux quand il en en manquait, *ne plebs esset otiosa*.

Eh bien ! le travail se réduit toujours à une question de tarif. A tel tarif on ne peut rien produire, à tel tarif plus bas la production devient possible. Or le prix du transport est, pour une multitude d'industries, surtout pour ces vastes industries de matières premières qui occupent des milliers de bras et remuent des poids immenses de matériaux et de produits, un des éléments principaux des prix de revient. Il est donc incontestable que l'abaissement du tarif des transports a pour conséquence nécessaire à la fois la création d'industries nouvelles et le développement des industries existantes.

Il est impossible de prévoir quelle multitude d'entreprises agricoles et industrielles pourraient surgir de l'établissement d'un vaste réseau départemental. Il n'est si petite ligne de chemin de fer qui, existant dans un pays, n'y acquière bientôt, si elle a été judicieusement établie, une grande utilité. Voyez toutes les grandes industries, qu'elles soient à 2, 3, 10 kilomètres des grandes lignes, elles ne sont à leur aise, elles ne se trouvent placées dans les conditions normales d'économie que lorsqu'elles se sont reliées quelquefois à grands frais, à ces lignes.

Il existe donc une multitude de localités, en France, où l'on ne crée pas d'industries parce que, séparé des chemins de fer par de nombreux kilomètres à franchir avec des chevaux, on se trouverait placé dans des conditions d'infériorité évidentes par rapport aux industries similaires. L'établissement de voies ferrées changerait la face de ces contrées, car les esprits s'appliqueraient avec ardeur à la recherche des entreprises réalisables avec les nouveaux moyens de transport. On sait qu'en France le capital ne fait pas défaut. Il est d'une abondance extrême et les capitalistes sérieux, effrayés des risques que la spéculation leur fait courir, ne demandent qu'à placer leur argent dans des entreprises dont le principal caractère soit la sécurité. Or, cette sécurité du capital, qui est la source première de l'ordre et de la moralité dans le travail, on la trouve surtout dans la grande industrie et dans l'agriculture. C'est là, en effet, que les procédés sont uniformes, connus, tout en étant perfectibles, c'est là que le travail peut se mesurer avec une certaine exactitude, que, dans une certaine limite, les dépenses peuvent être prévues, les bénéfices calculés, que l'on peut enfin avec de l'intelligence et du zèle, et sans avoir sans cesse à lutter contre les incertitudes des organisations nouvelles, assurer au travail et au capital engagés une légitime rémunération. La création du réseau des chemins de fer départementaux serait, à mon avis, le signal d'une multitude d'entreprises de ce genre. Au début, le mouvement s'opérerait sans éclat, sans grande apparence, dans le giron restreint et obscur de chaque localité; puis, un jour, la France se réveillerait étonnée de la prodigieuse activité dont elle constaterait l'existence sur tous les points de son territoire.

Je le répète, nul ne peut prévoir les effets heureux de ces réactions réciproques de tous les centres agricoles, industriels et commerciaux, rapprochés les uns des autres par la facilité et l'économie des transports. Pour le réseau départemental comme pour le réseau ordinaire, toutes nos prévisions d'aujourd'hui seront peut-être, dans vingt ans d'ici, singulièrement dépassées. Le progrès, en effet, possède en lui-même une force vive étrange, qui étonne aussi bien par sa faiblesse et sa stérilité, dans certains cas, que par la puissance de son action et sa fécondité sans limites dans d'autres. Tout dépend des conditions que l'intelligence humaine lui crée pour agir. Il y a des pays où le progrès sommeille pendant des siècles, d'autres où il chemine lentement, d'autres enfin où il avance à pas de géant. Nous savons aujourd'hui que le perfectionnement des voies de communication et des moyens de transport est l'un de ses plus puissants auxiliaires. Travaillons donc de toutes nos forces à compléter nos chemins de fer, à les faire couvrir en réseau à mailles serrées le territoire entier de la France. Nous ne saurions, en ce moment, mieux faire pour accélérer la marche du progrès.

TABLE DES MATIÈRES

DE L'EXÉCUTION DES CHEMINS DE FER DÉPARTEMENTAUX PAR L'ÉTAT

Paris, imprimerie Paul Dupont, rue Jean-Jacques-Rousseau, 41. 2934.7.9

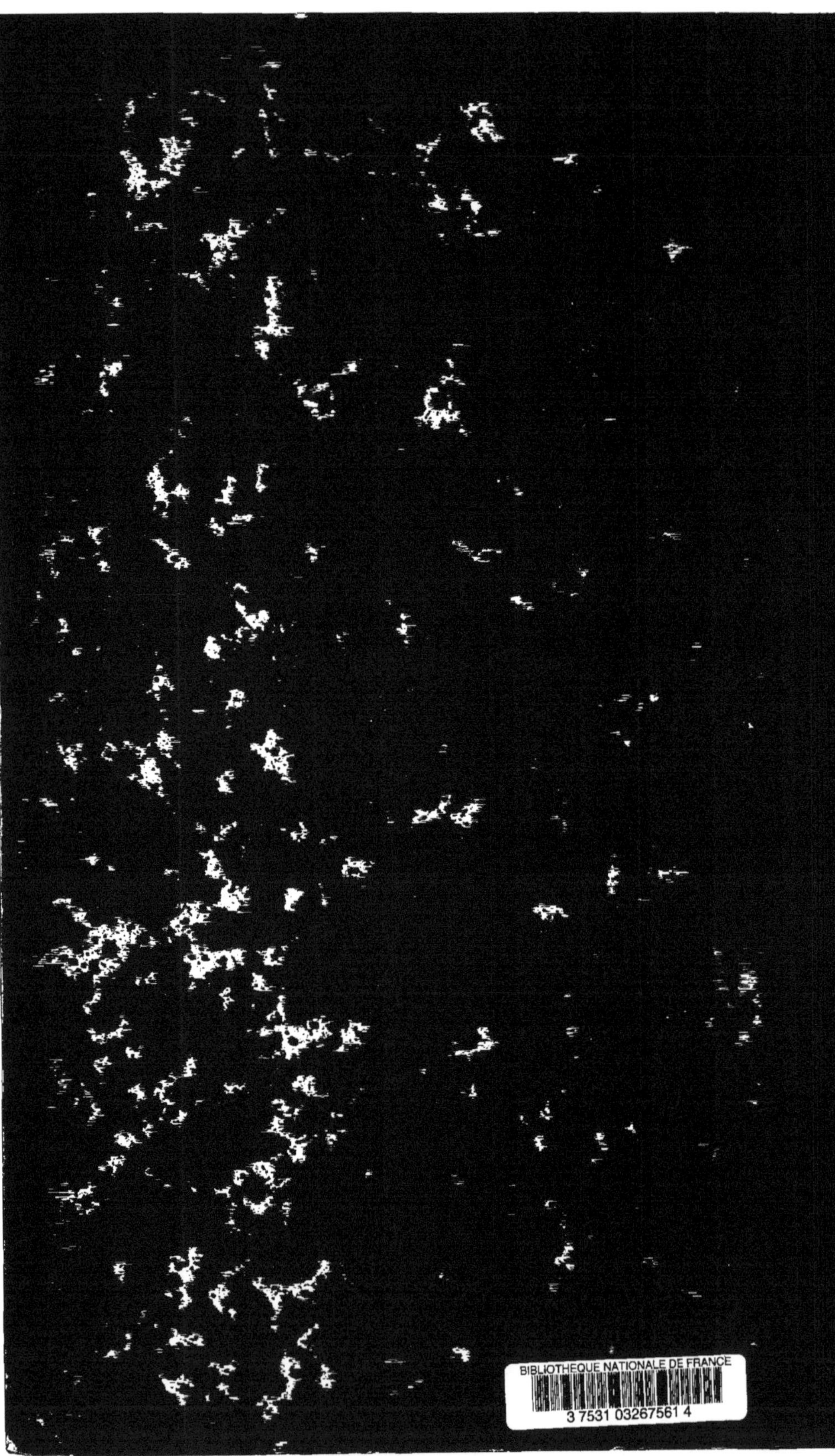
BIBLIOTHEQUE NATIONALE DE FRANCE
3 7531 03267561 4

www.ingramcontent.com/pod-product-compliance
Ingram Content Group UK Ltd.
Pitfield, Milton Keynes, MK11 3LW, UK
UKHW021220230726
13926UKWH00003B/1143

9 782016 144244